三叠纪恐龙

探寻恐龙奥秘

TANXUN KONGLONG AOMI

恐龙大百科

张玉光 ◎ 主编

青岛出版集团 ｜ 青岛出版社

始盗龙

始盗龙生活在三叠纪晚期，是最原始的恐龙之一。它们又被人们叫作"黎明的盗贼"。它们和狐狸差不多大小。不过，别看长得小，它们却是肉食恐龙的"小祖先"呢！

牙口好，啥都能吃！

始盗龙是一种比较原始的恐龙，身上还保留着"老祖宗"的一些特征。比如：它们拥有两种牙齿，一种位于嘴巴前端，像树叶一样平整；另一种在嘴巴后部，像餐刀一样锋利。所以，始盗龙既能吃植物，也能吃肉，是种牙口较好的杂食主义者。

化 石 ｜ 一双"马眼" >>>

始盗龙的眼睛长在头骨两侧。因此，它们分辨不清前面的物体。不过，从头骨化石看，始盗龙的眼眶很大，大约占整个头骨的一半。所以，始盗龙眼睛较大，视力非常好，能看到很远的敌人或猎物。

大　　小	体长约为1米，体重为5～11千克
生活时期	三叠纪晚期
栖息环境	河谷
食　　物	小型动物、植物
化石发现地	阿根廷

反应敏捷

始盗龙个头较小，所以它们的猎物也是一些小家伙，比如小型爬行动物和早期的哺乳类动物。不过，长得小就意味着身体轻，反应可能会更加敏捷。所以，一旦发现猎物，始盗龙就会立即发起快攻，在猎物还没作出反应的情况下将其扑杀。

娇小的祖先

始盗龙是最原始的恐龙之一，也是后代肉食恐龙的祖先。但是，这些祖先实在太小了！即便成年后，始盗龙体长也只有1米左右，体重约为11千克。

不过，别看它们长得小，它们身为肉食恐龙祖先的事实却不会改变。

小知识

人们在南美洲的阿根廷进行化石挖掘工作时，无意中在乱石堆里发现了始盗龙的化石。此后，经研究确认，始盗龙是地球上最古老的恐龙之一。

始盗龙的复原骨架

黑瑞拉龙

黑瑞拉龙并不黑，它们的名字源于最先发现其化石的人。为了纪念化石发现人，人们用他的名字将该种恐龙命名为"黑瑞拉龙"。此外，埃雷拉龙、黑瑞龙、赫雷拉龙、艾雷拉龙说的都是它们。它们与始盗龙生活在同一时期。

大　　小	体长为 3～5 米，体重为 210～350 千克
生活时期	三叠纪中晚期
栖息环境	河边、河谷
食　　物	小型及中型动物
化石发现地	阿根廷

你知道吗？

在三叠纪时期，陆地是爬行动物的天下。

目前已知的黑瑞拉龙化石是在南美洲的阿根廷发现的。

小知识

黑瑞拉龙的脑袋和鳄鱼的脑袋非常像。它们的嘴巴很窄，下颌骨关节像弹簧似的，所以张口时能让颌部由前半部分扩及后半部分，从而牢牢地咬住猎物。

它们爱吃什么？

科学家从对黑瑞拉龙的骨骼分析中得出，它们可能是肉食恐龙。这是因为它们具备了肉食恐龙的特征——满嘴都是锋利的尖牙，拥有敏锐的听觉和强健的后肢。

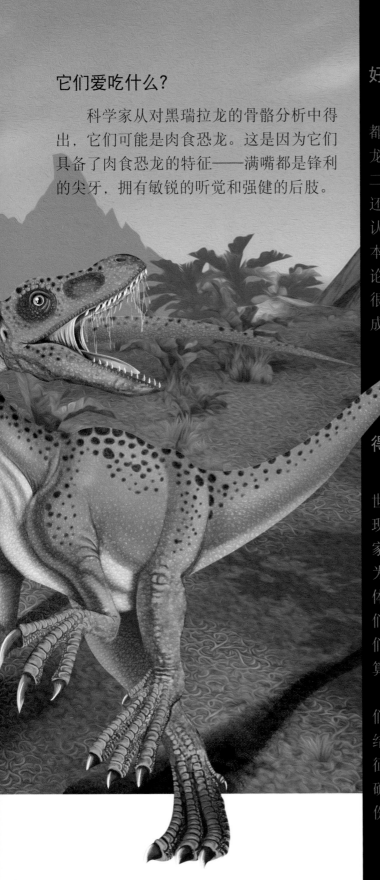

好邻居 VS 死对头

黑瑞拉龙与始盗龙都是三叠纪时期的肉食恐龙。人们常说"一山难容二虎"，那它们是"好邻居"还是"死对头"呢？有人认为始盗龙个头太小，根本无法与黑瑞拉龙相提并论，万一碰上黑瑞拉龙，很可能会先行逃跑，以免成了黑瑞拉龙的美餐。

得来不易的身份

如今黑瑞拉龙已闻名世界，可它们的化石刚出现的时候，它们差点被专家们踢出恐龙家族。这是为什么呢？据说，它们身体结构比较原始，与后辈们相差甚远。因此，专家们犹豫了：这种家伙到底算不算恐龙呢？

后来，人们认为它们的尖牙、利爪以及四肢结构基本上具备恐龙的特征。最后，研究人员还是确定了黑瑞拉龙的恐龙身份。

板 龙

板龙是三叠纪的"巨人",也是后来出现的巨型蜥脚类恐龙的祖先。它们牙齿很小,基本不能咀嚼,所以只能以植物为食。不过,它们四肢粗壮,尾巴有力,能用后腿直立站立。这样,无论是地面上的还是树上的食物,它们都能吃得到。

"巨人"的烦恼

板龙身体巨大,堪称三叠纪晚期的"巨人"。但是,因为长得高大,板龙也常常烦恼不已。

烦恼之一:身体大,食量就大!要想让巨大的身躯保持活力,板龙就必须吃掉大量的食物。

烦恼之二:食物太少!三叠纪晚期,能让板龙吃的植物种类并不多。虽然板龙能站起来吃到高处的树叶,可依然是"龙多食少"。于是,在旱季板龙们不得不穿越沙漠寻找食物。

大　　小	体长为 6～8 米
生活时期	三叠纪晚期
栖息环境	干旱的平原、沙漠
食　　物	蕨类、嫩树枝等
化石发现地	法国、德国、瑞士

小知识

一直以来,板龙的化石大多出土于欧洲西部,但在1941年人们在我国云南省发现了非常相似的化石。后来经确认,这些是板龙的"亚洲兄弟"——禄丰龙的化石,只是禄丰龙要比板龙出现得晚。

可是，这种迁徙一不小心就会让它们丢掉性命。

烦恼之三：太累！成年的板龙身长达6～8米，体重达数吨。拖着这样的身体活动，板龙常常累得气喘吁吁。不过，板龙的尾巴与后腿可以形成三角支架支撑着身体，让它们"坐"下来休息一会儿。

化石　板龙的头骨 >>>

板龙的牙齿与之后大多数植食恐龙的牙齿一样，长得又平又小。这种牙齿大多不能咀嚼，无法磨碎植物。因此，板龙常常把食物直接吞进肚子里，靠吃胃石促进消化。

板龙的胃部结构模拟图

你知道吗？

为了吃到高处的树叶，板龙常会用身体把整棵树都推倒。

板龙的胃又圆又大，不仅能容纳许多食物，还能将食物保存一段时间，以充分吸收食物的营养。

南十字龙

南十字龙是人类已知的最古老的恐龙之一。它们拥有能多方向滑动的下颌骨，善于快速奔跑，是三叠纪晚期有名的狡猾猎手。

短跑杀手

南十字龙狭长的嘴里长满细密、锯齿形的锋利牙齿。它们后腿健硕，擅长短跑冲刺，被它们盯上的猎物几乎很难逃脱。捕猎时，南十字龙常常突然发起攻击，等到咬死猎物后再用牙齿把食物撕碎吞入腹中。

化 石 　灵活的下颌骨 >>>

南十字龙的下颌骨有个特别的关节，能让下巴前后、左右、上下滑动。因此，南十字龙可以把肉块"推"进喉咙后再吞下去。

大　　小	体长约为 2 米，体重为 20 ～ 40 千克
生活时期	三叠纪晚期
栖息环境	森林、灌木丛
食　　物	肉类
化石发现地	巴西

因何得名？

　　20世纪70年代，古生物学家在南半球的巴西发现了一具恐龙骨骼化石。由于当时南半球很少发现恐龙化石，因此这具骨骼化石令当时很多的古生物学家感到振奋。古生物学家便根据只有在南半球才可以看见的南十字星座将这具化石的主人命名为"南十字龙"。

"古老"的身份

　　科研人员搜集了大量的资料寻找南十字龙骨骼化石的记录。遗憾的是，记录都不太完整。不过，他们还是根据现有的化石标本所显示的原始特征，即拥有5根手指、脚趾，下颌骨可以多向滑动，以及拥有两块脊椎骨愈合的荐椎等，确认了南十字龙"古老"的身份。

你知道吗？

　　1970年，巴西南部出土了第一具也是目前唯一的一具南十字龙化石标本。

　　之后的肉食恐龙有很大一部分成员是由南十字龙演化而来的。

理理恩龙

理理恩龙存活于距今约 2.15 亿年前的欧洲，是种十分凶残的肉食恐龙。它们喜欢冒险，常常三五成群地攻击大型植食恐龙。捕猎时，它们会先躲进水里，等猎物毫无防备时再突然发动进攻。

大 小	体长为 2～5 米，体重为 100～140 千克
生活时期	三叠纪晚期
栖息环境	森林
食 物	肉类
化石发现地	德国、法国

你知道吗？

理理恩龙具有早期肉食恐龙的特点，比如前肢有 5 根手指。不过，它们的第 4 与第 5 根手指已经退化缩短了。

小知识

20 世纪 30 年代，有人在德国发现了理理恩龙的化石。当时，人们是以一名德国科学家的名字为这具新发现的恐龙化石标本命名的。

肉食恐龙的"野心"

理理恩龙是较早出现的小型肉食恐龙。别看它们个子小，它们的"野心"可不小，身材巨大的板龙有时就会成为它们的攻击目标。一旦目标出现，理理恩龙就会冲上去一顿连撕带咬，直到把对方折腾得精疲力尽再拆吃下肚。

偷袭策略

理理恩龙猎杀板龙之前，常会躲进附近的水里藏起来。等板龙填饱肚子准备离开时，理理恩龙就会立即从水中蹿出来偷袭板龙。可怜的板龙刚刚吃饱肚子，转眼就成了别人果腹的大餐。

脆弱的头冠

当然，理理恩龙并不会次次冒险去猎杀板龙。要知道，它们也有弱点——它们头上的脊冠又薄又脆，很容易在捕猎时折断。因此，它们平时多以小型恐龙或小动物为猎杀对象。

鼠 龙

鼠龙因幼体的长相与大老鼠类似而得名。它们活跃于三叠纪晚期或侏罗纪早期，是种体形较小的植食恐龙。因为幼体体长较短，所以它们一度被认为是当时人类发现的体长最短的恐龙之一。

古老的"小家伙"

最初，人们在阿根廷南部发现了5～6具鼠龙幼体的化石标本。这些标本与稍大点儿的老鼠个头相当。因此，人们为这种化石标本起名为"鼠龙"。鼠龙生活在距今约2.15亿年前，是一种古老的恐龙。

"我"会长大的！

由于鼠龙化石很难寻找，一开始出土的幼龙化石又缺了尾巴，因此目前人们对鼠龙的了解并不全面。不过，有专家猜测，虽然在幼年时期鼠龙体形较小，但成年后它们或许能长到5米长。

20世纪70年代末，人们发现了一块幼年恐龙的骨骼化石。这块化石长约20厘米，上面显示的标本与一只大老鼠差不多大。遗憾的是，这块化石上并没有保留尾巴。

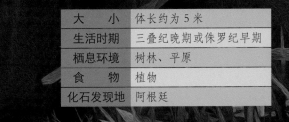

大 小	体长约为5米
生活时期	三叠纪晚期或侏罗纪早期
栖息环境	树林、平原
食 物	植物
化石发现地	阿根廷

吃素的鼠龙

　　科学家研究鼠龙的头骨时发现，它们的牙齿排列稀疏，形状扁平，与后来的植食恐龙的牙齿相似。因此，科学家推断，鼠龙可能以三叠纪时期的蕨类等植物为食。

小知识

　　古生物学家把距今2.3亿～1.78亿年间的植食恐龙统称为"原蜥脚类恐龙"。板龙、鼠龙等都属于原蜥脚类恐龙。

槽齿龙

三叠纪晚期是恐龙发展的早期阶段，槽齿龙就是生活在这一阶段的恐龙。作为原蜥脚类恐龙的代表之一，槽齿龙并不像它们的亲戚和后裔那样高大强壮，反而既原始又瘦小。它们当时生活在各个海岛上，随着时间的推移，才逐渐繁衍生息发展起来。

瘦弱的体形

在三叠纪时期，槽齿龙的平均体长不超过两米。这样娇小的体形如果放在侏罗纪、白垩纪时期根本不值得一提，但在当时已经是陆地上数一数二的了。

大　　小	体长约为2米
生活时期	三叠纪晚期
栖息环境	海岛
食　　物	植物
化石发现地	欧洲

▲ 槽齿龙是古生物学家找到的第一种原蜥脚类恐龙，也是第四种被人们命名的恐龙。之前的3种分别是巨齿龙、禽龙及林龙。

槽齿龙的头骨外观与现生巨蜥的很接近。但是，和现生巨蜥不同，槽齿龙的牙齿就像插头一样插在不同的齿槽里，而不是与颌骨生长在一起。

差点被毁

战争会给人类文明造成破坏，珍贵的槽齿龙化石就差点在战火中被损毁。20 世纪 40 年代，第二次世界大战如火如荼地进行。英国布里斯托尔市博物馆不幸被炸弹击中，收藏在里面的槽齿龙化石受到波及，被损毁了一大部分。幸运的是，仍有部分化石被保存了下来。

腔骨龙

生活在三叠纪晚期的腔骨龙是最早出现的兽脚类恐龙之一。它们的名字很含蓄地表明了它们身上最大的特点——拥有腔骨，即"中空的骨骼"。因此，别看腔骨龙体形和现代的一辆小汽车那么大，体重可能连一个成年人都不及。

化石　腔骨龙的腹腔 >>>

古生物学家在腔骨龙化石的腹腔部位发现了一些细小的骨头化石。他们初步推断腔骨龙有同类相食的习惯。但是，有些学者认为那些骨头也可能是其他爬行动物的。

大　　小	体长约为 3 米，体重约为 20 千克
生活时期	三叠纪晚期
栖息环境	平原、森林
食　　物	肉类
化石发现地	美国

群体狩猎

像腔骨龙这种瘦弱的小型恐龙，如果独自捕猎很容易吃亏，因此它们一般会选择群居生活，结成互助的联盟。如果发现猎物，它们就会呼朋唤友，蜂拥而至，把对方围起来，然后展开以多欺少的群体攻击。面对腔骨龙类似现代鬣狗的军团式攻势，很少有动物能坚持不败，甚至一些大型植食恐龙也难逃被猎杀的厄运。

成为"宇航员"

1998 年，美国"奋进"号航天飞机上迎来了一位特殊的乘客——一块腔骨龙头骨化石。它在空间站中接受了各种实验，是继慈母龙化石之后第二块登上太空的恐龙化石。

体重的真相

和约 3 米的体长相比，腔骨龙 20 多千克的体重实在显得微不足道。腔骨龙全身上下的骨骼不仅纤细，而且几乎都是中空的，骨骼内壁的厚度和纸张差不多。所以，身形出众的腔骨龙无论是走路还是捕猎，动作都十分轻盈、灵巧。

▲ 1947 年，美国新墨西哥州的幽灵牧场出土了大量的腔骨龙遗骨化石。这些腔骨龙的死因始终存在争议。它们到底是死于突发的传染性疾病还是毫无规律的自然灾害或者其他原因？很可惜，人们至今还没有确切答案。

跳　龙

跳龙也叫"跳足龙"，是种体形小巧的恐龙。它们生活在三叠纪晚期，喜爱吃肉。迄今为止，人们对于跳龙的了解仅限于一具不太完整的化石标本。

化　石	零散的化石 >>>

20世纪初，人们在英国苏格兰发现了跳龙的骨骼化石标本。它缺少头骨部分，仅包括脊柱、前肢、骨盆和一部分后肢骨骼。

大　小	体长约为60厘米，体重约为1千克
生活时期	三叠纪晚期
栖息环境	平原
食　物	肉类
化石发现地	英国

你知道吗？

跳龙的体重跟四五个中等大小的苹果差不多。它们的尾巴很长，大约占身体长度的一半。

身材娇小

跳龙身材非常娇小，看起来和稍大一些的家猫差不多大。它们的体重只有 1 千克左右，人们用一只手就可以将之提起来。

跳着走

跳龙平时主要靠修长有力的后肢行走。不过，它们走路的方式与众不同。其他恐龙多用两条腿一前一后地向前走，跳龙却用双腿跳着走，像袋鼠似的。

小聪明

虽然跳龙的爪和牙十分锋利，但它们体形太小，根本对付不了大一点儿的动物。于是，它们常常躲在大型恐龙的猎杀现场"围观"，等人家吃完后，再冲过去把剩下的肉块吃掉。你还别说，采用这种方式"捡便宜"也是一种小聪明呢！

里奥哈龙

里奥哈龙是一种大型植食性恐龙，以阿根廷的拉里奥哈省为名。它们身长可达 10 米左右，四肢粗壮而结实，是晚三叠纪时期里奥哈龙科恐龙中唯一生活在南美洲的物种。

化 石	头颅骨 >>>

里奥哈龙首次出土的化石并没有头颅骨部分。后来，科学家才发现里奥哈龙的头颅骨化石，并认为里奥哈龙上颌的前方有 5 颗牙齿，后方有 24 颗牙齿。

大　　小	身长约为 10 米
生活时期	三叠纪
栖息环境	森林
食　　物	蕨类、树叶等
化石发现地	南美洲

中空的骨头

里澳哈龙的颈部和尾巴都很长，四肢粗壮而结实，前肢和后肢的长度比较相近。这表示它们很可能四足着地行走，而且不能以后腿支撑站立。尽管里澳哈龙又大又重，但是它们的脊椎骨却是中空的。这样可以帮它们减轻身体的重量。

植食性恐龙

里澳哈龙的前肢长有尖尖的爪子，能钩住树枝，也可以用来自卫。其牙齿呈叶状，有锯齿边缘。这表示它们是一种植食性恐龙。

并合踝龙

并合踝龙是一种生存于三叠纪晚期至侏罗纪早期的小型恐龙，其学名的意思为"接合的跗骨"。它们体态均匀，习惯于集体进行活动，与腔骨龙非常相像。不过，与腔骨龙不同的是，它们的脚踝骨有些是连在一起的。从化石分布来看，它们多生活于南非、南美洲和美国等地。有关研究表明，并合踝龙是为数不多的会同类相残的恐龙之一。

大 小	体长为 2～3 米
生活时期	三叠纪晚期至侏罗纪早期
栖息环境	林地、河岸
食 物	鱼类、腐肉、小型爬行动物、同类幼龙
化石发现地	非洲、南美洲、美国等

被迫改名

因为并合踝龙的学名很早以前就已被一种昆虫"登记落户",所以专家只能将它们的学名改为"*Megapnosaurus*",意为"大头蜥蜴"。不过,有些专家并不喜欢这个新名字,仍习惯用原来的名字。因此,并合踝龙的这两个名字现在都在使用。

"杀手"天赋

并合踝龙拥有"杀手"天赋:像灯泡般大小的眼睛能在夜间搜寻猎物;锯子般的牙齿和锋利的尖爪能轻松撕碎猎物的皮肉;中空的骨骼和强健的后肢能帮它们直立,方便它们咬住猎物的头部。

同类相残

并合踝龙真正的可怕之处不是它们的群体狩猎方式,而是内部的相互残杀。一旦食物不足,身强力壮的并合踝龙就有可能向族群里的幼龙下手,十分残忍。

分布广泛

多年来，人们不断在南美洲、南非和美国发现并合踝龙的化石。根据化石的分布情况，科学家分析并合踝龙很可能是由南美洲逐渐"走"向世界的，并且应该很快就能适应新的生存环境。

化 石　独特的脚踝骨>>>

并合踝龙与腔骨龙十分相似。不过，并合踝龙的脚踝骨有些是连在一起的。有人推测，这种脚踝骨使它们在追击猎物时可以跑得更快、更轻松。

小知识

科学家曾在南非津巴布韦的含化石岩层中发现 30 具并合踝龙化石标本。一开始，科学家根据化石显示的骨骼结构和牙齿形态，认为并合踝龙可能无法杀死猎物。因此，这才有了早期"恐龙吃腐肉生存"的猜想。

图书在版编目（CIP）数据

探寻恐龙奥秘. 1, 三叠纪恐龙 / 张玉光主编. — 青岛：青岛出版社，2022.9
（恐龙大百科）

ISBN 978-7-5552-9869-4

Ⅰ. ①探… Ⅱ. ①张… Ⅲ. ①恐龙 – 青少年读物 Ⅳ. ①Q915.864-49

中国版本图书馆CIP数据核字（2021）第118786号

书　　名	恐龙大百科：探寻恐龙奥秘 （三叠纪恐龙）
主　　编	张玉光
出版发行	青岛出版社（青岛市崂山区海尔路 182 号）
本社网址	http://www.qdpub.com
责任编辑	朱凤霞
美术设计	张　晓
绘　　制	央美阳光
封面画图	高　波
设计制作	青岛新华出版照排有限公司
印　　刷	青岛新华印刷有限公司
出版日期	2022 年 9 月第 1 版　2022 年 10 月第 1 次印刷
开　　本	16 开（710mm×1000mm）
印　　张	12
字　　数	240 千
书　　号	ISBN 978-7-5552-9869-4
定　　价	128.00 元（共 8 册）

编校印装质量、盗版监督服务电话：4006532017　0532-68068050

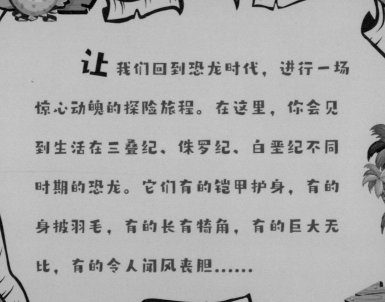

让我们回到恐龙时代，进行一场惊心动魄的探险旅程。在这里，你会见到生活在三叠纪、侏罗纪、白垩纪不同时期的恐龙。它们有的铠甲护身，有的身披羽毛，有的长有犄角，有的巨大无比，有的令人闻风丧胆……

ISBN 978-7-5552-9869-4

9 787555 298694 >

ISBN 978-7-5552-9869-4
定价：128.00（全8本）